AF276730

¿Sobreviviremos en la Tierra?

Biblioteca Stephen Hawking

Stephen Hawking

¿Sobreviviremos en la Tierra?

Breves respuestas, grandes preguntas

Prólogo de Mar Gómez

Traducción de David Jou Mirabent

 Planeta

Título original: *Brief Answers To The Big Questions. Will We Survive On Earth?*

© The Estate of Stephen Hawking, 2018
© del prólogo, Mar Gómez, 2026
© de la traducción, David Jou Mirabent, 2018
© Editorial Planeta, S. A., 2026
  Avda. Diagonal, 662-664, 08034 Barcelona (España)
  www.planetadelibros.com

Diseño de la cubierta: Booket / Área Editorial Grupo Planeta
Ilustración de la cubierta: © Shutterstock
Primera edición en Colección Booket: febrero de 2026

Depósito legal: B. 314-2026
ISBN: 978-84-08-31510-0
Impreso en España

Biografía

Stephen Hawking (Oxford, 1942 – Cambridge, 2018) ocupó la cátedra Lucasiana de Matemáticas que en otro tiempo ostentó Newton en la Universidad de Cambridge. Reconocido universalmente como uno de los más grandes físicos teóricos del mundo, el profesor Hawking escribió, pese a sus enormes limitaciones físicas, docenas de artículos que suponen en conjunto una aportación a la ciencia que aún no somos capaces de evaluar adecuadamente. A sus primeras obras de divulgación, *Historia del tiempo. Del big bang a los agujeros negros* (Crítica, 1988) y *El universo en una cáscara de nuez* (Crítica, 2002), se le suman *Brevísima historia del tiempo* (Crítica, 2005) y *El gran diseño* (Crítica, 2010) —escritas con Leonard Mlodinow—, las antologías *A hombros de gigantes* (Crítica, 2003), la edición ilustrada de esta última obra (Crítica, 2004), *Dios creó los números* (Crítica, 2006), *La gran ilusión* (Crítica, 2008), *Los sueños de los que está hecha la materia* (Crítica, 2011), su autobiografía, *Breve historia de mi vida* (Crítica, 2014), las conferencias emitidas en la BBC, recopiladas en *Agujeros negros* (Crítica, 2017), y su última obra, *Breves respuestas a las grandes preguntas* (Crítica, 2018), publicada de forma póstuma.

Índice

PRÓLOGO

Cuando era niña, solía mirar el cielo por las noches con la sensación de que había algo inmenso, casi indescifrable, esperando ser respondido. La curiosidad siempre ha sido el motor de mi aprendizaje, la forma de buscar respuestas a preguntas que muchos nos hacemos. Entre todas esas cuestiones que me acompañaron desde pequeña, hubo una que nunca dejó de resonar en mi cabeza: ¿por qué estamos aquí? ¿Por qué este planeta y no otro? ¿Cómo ha logrado la vida en la Tierra sobrevivir a extinciones masivas, impactos de meteoritos, glaciaciones, cambios climáticos extremos y ciclos que han arrasado con especies enteras? ¿Qué tiene de especial este rincón del cosmos para que la vida haya encontrado aquí el espacio adecuado para florecer?

A medida que fui creciendo, estas preguntas dejaron de ser simples reflexiones infantiles para transformarse en una búsqueda profunda, casi existencial. Habitar un planeta como el nuestro es, en sí mismo, un privilegio cósmico: la Tierra es única en el sistema solar. Nada en nuestro vecindario se parece a este pequeño punto azul situado a la distancia exacta del Sol para que exista agua líquida, en la llamada «zona habitable». Su atmósfera filtra la radiación dañina y regula la temperatura; su campo magnético actúa como un escudo, protegiéndonos del viento solar y de otras partículas cargadas del espacio, y la biodiversidad que ha evolucionado aquí durante millones de años nos proporciona alimento, oxígeno y equilibrio. Por eso, aunque solemos imaginar futuros en otros mundos y soñamos con expandirnos más allá de la Tierra, lo cierto es que de momento no hemos encontrado ningún planeta que reúna un conjunto de condiciones tan extraordinariamente favorables como este. La Tierra sigue siendo el único lugar del cosmos donde sabemos que la vida puede prosperar con estos niveles de complejidad y estabilidad.

Aún no sé si nuestra presencia aquí es fruto del azar o de una combinación extraordinaria de condiciones. Lo que sí es seguro es que nuestra especie —al menos hoy por hoy— es única. El ser humano ha evolucionado desde los primeros homínidos surgidos en África, pasando por el *Homo habilis*, el *Homo erectus* y el *Homo neanderthalensis*, hasta convertirse en el *Homo sapiens*, la única especie humana superviviente. Lo que nos distingue no es nuestra fuerza, ni nuestra velocidad, ni nuestra resistencia, sino nuestro cerebro. Con el tiempo, esta estructura cerebral —especialmente el desarrollo del neocórtex— nos otorgó una capacidad extraordinaria para razonar, planificar, anticipar, crear herramientas, imaginar futuros posibles y tomar decisiones complejas.

Y precisamente son esas decisiones las que nos han conducido al escenario climático actual.

Durante el desarrollo de mi trayectoria profesional apareció otra pregunta, inevitable a la par que inquietante: ¿qué futuro nos depara la vida en nuestro planeta y en el universo que nos rodea? Porque si hemos sobrevivido a todas esas condiciones naturales extremas no ha sido gracias a la inmortalidad de nuestra especie ni a la invulnerabilidad de la Tierra, sino a la extraordinaria capacidad del planeta para adaptarse y regenerarse... hasta ahora. La historia de la Tierra está escrita en capas de roca y hielo que guardan un mensaje claro: nada permanece estable para siempre, y lo que se altera demasiado rápido no siempre tiene tiempo de recuperarse. Por este motivo, quizá lo más sensato sea asumir que la mejor oportunidad de supervivencia, al menos a corto plazo, reside en resolver nuestros problemas aquí, confiando en ser capaces de encontrar soluciones y adaptarnos antes de que el sistema pierda el equilibrio por completo. Pero si ese esfuerzo no fuera suficiente, ¿qué alternativas reales tendríamos, además de la esperanza? Mudarnos a otro planeta suele plantearse como un plan bastante tentador, casi de ciencia ficción, pero hoy en día no es una opción viable. No existe ningún mundo con condiciones comparables a las de la Tierra lo bastante cerca, y aunque lo hubiera, los recursos necesarios para construir naves capaces de transportar a tantas personas serían colosales. ¿Quién podría pagarlo? ¿Quién tendría acceso a esa huida? ¿Quién quedaría atrás? Pensar en un segundo hogar en el cosmos no resuelve del todo el problema, al menos no a corto plazo; más bien nos recuerda lo imprescindible que es proteger el único planeta en el que podemos vivir.

Esta certeza de que no tenemos un refugio alternativo debería ayudarnos a comprender mejor la dimensión del momento que estamos viviendo. Porque la Tierra, a lo largo de su historia, no ha dejado de cambiar. Nuestro planeta ha atravesado numerosos cambios climáticos a lo largo de sus 4.500 millones de años. Su historia es una secuencia compleja de transformaciones naturales impulsadas por variaciones orbitales, modificaciones en la actividad solar, movimientos de los continentes, erupciones volcánicas masivas, impactos de meteoritos y fluctuaciones en la composición atmosférica. Este hecho se utiliza desde el negacionismo para restar importancia a la crisis climática contemporánea, pero esa afirmación omite cuestiones esenciales.

Nuestro planeta ha vivido periodos de calentamiento extremo, fases de enfriamiento y hasta etapas de Tierra bola de nieve, cuando casi toda su superficie quedó congelada. Sin embargo, estos cambios fueron impulsados por mecanismos naturales que operan a escalas temporales inmensas: miles, cientos de miles o incluso millones de años. La atmósfera actual refleja una perturbación abrupta que se corresponde directamente con la actividad humana.

Así pues, el planeta se está calentando a un ritmo frenético y sin precedentes históricos, mucho más rápido de lo que los ecosistemas pueden soportar. La velocidad del cambio es, de hecho, uno de los mayores factores de riesgo: ni los suelos, ni los océanos, ni la atmósfera, ni las especies que habitan la Tierra han experimentado jamás una transformación tan acelerada. En apenas unas décadas hemos alterado patrones que, en condiciones naturales, tardarían miles de años en modificarse. La temperatura media global aumenta, los océanos absorben más calor del que son capaces de distribuir, los glaciares retroceden de forma acelerada, el permafrost y los casquetes polares se funden, y los eventos extremos —olas de calor, ciclones tropicales más intensos, sequías prolongadas, incendios de una virulencia inaudita— se multiplican ante nuestros ojos.

Pero lejos de adoptar una visión pesimista, creo firmemente que la capacidad de decidir nos otorga responsabilidad y poder: el de cambiar el rumbo, corregir errores y sobre todo detener una tendencia que nosotros mismos hemos alimentado. La historia de la humanidad demuestra que, en los momentos críticos, hemos sido capaces de actuar con una claridad inesperada. Cuando comprendemos la magnitud de un problema y la urgencia de la respuesta, somos capaces de movilizarnos.

Vivimos en un planeta que nos brinda posibilidades únicas de desarrollo, evolución y aprendizaje. La Tierra, con su diversidad de climas, paisajes y ecosistemas, ha sido siempre un laboratorio vivo donde hemos aprendido a observar, comprender y adaptarnos.

Si comprimiéramos los 4.500 millones de años de historia de nuestro planeta en 24 horas, la vida aparecería a las 4.00 de la madrugada, los primeros fósiles a las 5.36, las plantas terrestres a las 21.52 y los dinosaurios caminarían sobre el planeta a las 22.56. Nosotros, los seres humanos, llegaríamos a las 23.58.43, tan solo 1 minuto y 17 segundos antes de la medianoche. Toda nuestra historia —desde las primeras herramientas paleolíticas hasta la inteligencia artificial— cabe en ese brevísimo instante. Somos apenas un parpadeo. Sin embargo, ese breve instante ha sido suficiente para alterar de forma profunda la atmósfera, los océanos, los bosques, el hielo y el clima. Por eso hoy hablamos de crisis climática. Y, por definición, una crisis implica un punto de inflexión en el que el sistema deja de ser capaz de funcionar con normalidad y requiere soluciones urgentes, coordinadas y transformadoras.

Debemos preguntarnos qué queremos para el futuro. ¿Pretendemos simplemente sobrevivir en la Tierra? ¿O preferimos vivir en ella? Sobrevivir implica resistir, adaptarse y soportar el entorno. Vivir implica prosperar, avanzar, disfrutar y construir un futuro. ¿O acaso aspiramos algún día a sobrevivir fuera de la Tierra? Esa idea de buscar alojamiento más allá de nuestro planeta es tentadora, pero no debería distraernos de una realidad esencial: este es el hogar que nos ha visto nacer, el que ha moldeado nuestra historia, nuestra biología y nuestra identidad. Así que antes de imaginar otros mundos, debemos aprender a proteger el que nos ha dado la vida. Y, para ello, primero debemos comprender qué lo está poniendo en riesgo.

Hasta la fecha, la temperatura media global está aumentando por el incremento de los gases de efecto invernadero que, en su justo equilibrio, son esenciales para la vida. Sin ellos, la temperatura del planeta rondaría los -18 °C en vez de los 15 °C actuales. Sin embargo, desde la Revolución Industrial, al quemar carbón, petróleo y gas para impulsar el desarrollo económico, social e industrial, hemos alterado este balance. En apenas dos siglos, las anomalías térmicas han pasado de negativas a extremadamente positivas. Prueba de ello es que los últimos diez años han sido, sin excepción, los más cálidos desde que existen registros, y 2024 se ha recogido como el más caluroso de la historia, según la Organización Meteorológica Mundial y la NASA. Este calentamiento acelerado ha modificado los patrones atmosféricos, intensificado las inundaciones y agudizado las sequías. Las olas de calor son más largas, frecuentes y severas. Los incendios, impulsados por una temperatura cada vez mayor y por una vegetación reseca, se propagan con una velocidad que sorprende incluso a los expertos. Los ciclones tropicales, alimentados por océanos más cálidos, se intensifican más rápido, alcanzan categorías superiores en menos tiempo y descargan lluvias torrenciales que superan cualquier registro histórico.

El mundo se ha vuelto más extremo, como lleva advirtiendo la ciencia desde hace décadas. Los informes del IPCC, el Panel Intergubernamental sobre el Cambio Climático, llevan años señalando que la atmósfera y los océanos acumulan energía que debe liberarse de alguna forma, ya sea en tormentas más potentes, lluvias más intensas o periodos prolongados de calor sofocante. Es pura física. Lo que antes eran excepciones, hoy se están convirtiendo en la norma: la nueva normalidad climática.

Incluso los sistemas oceánicos están cambiando: la Circulación de Vuelco Meridional del Atlántico (AMOC, por sus siglas en inglés) se está ralentizando. ¿Recuerdas la película *El día de mañana*? En ella se plantea que una detención abrupta de la corriente del Golfo —que transporta calor desde los trópicos hacia el Atlántico Norte y regula el clima europeo— podría desencadenar una glaciación. Aunque la película es sensacionalista, su base científica no es descabellada. El deshielo polar está descargando miles de millones de toneladas de agua dulce en el océano, alterando la salinidad del Atlántico Norte. Cuando el agua superficial se vuelve menos salada y, por lo tanto, menos densa, deja de hundirse y frena el motor que impulsa la AMOC. Esto puede modificar el clima de amplias zonas del hemisferio norte, sobre todo de Europa occidental, dando lugar a una reducción significativa de la temperatura media.

Nos encontramos ante la mayor amenaza medioambiental de nuestra historia: una carrera contrarreloj para recuperar el equilibrio del sistema climático. Incluso si detuviéramos hoy todas las emisiones globales, el planeta seguiría experimentando efectos durante décadas, aunque menos graves. La Tierra siempre acaba adaptándose. La pregunta es si podremos hacerlo nosotros.

Por lo tanto, ¿sobreviviremos en la Tierra? Tengo mis dudas, sobre todo por las decisiones que seguimos tomando. Es posible que logremos mitigar algunos efectos, pero deberemos adaptarnos a un mundo más cálido, con olas de calor intensas, huracanes más potentes, conflictos por el agua, sequías extremas y una crisis de refugiados climáticos sin precedentes. Y todo esto ocurrirá al mismo tiempo que crece la población mundial.

A principios del siglo XX éramos unos 1.600 millones de habitantes; hoy somos más de 8.000 millones, y se prevé que alcancemos los 10.300 en 2080. Cada nueva vida necesita agua, alimentos, espacio y energía. Sostener esta demanda creciente en un planeta limitado es uno de los grandes desafíos éticos y ambientales de nuestra historia. Es algo que no se puede lograr si no cambiamos el modelo de crecimiento.

Por otro lado, el avance tecnológico puede jugar tanto a nuestro favor como en nuestro detrimento. La tecnología es un arma de doble filo: puede herirnos o salvarnos, dependiendo de la mano que la maneje. En momentos de crisis, los seres humanos hemos demostrado ser capaces de cooperar, pensar a largo plazo y actuar con una determinación compartida. No tenemos tantos ejemplos de éxitos colectivos como de conflictos internos, es cierto, pero cuando percibimos el peligro de forma clara e inmediata, hemos demostrado que podemos cambiar el rumbo.

La historia de la capa de ozono es una prueba de ello. Durante décadas, liberamos a la atmósfera sustancias como los CFC sin comprender plenamente sus consecuencias. Sin embargo, cuando el agujero sobre la Antártida alcanzó la dimensión de símbolo del daño que habíamos causado, la humanidad, por primera vez, reaccionó al unísono. Gobiernos, científicos e industrias se coordinaron para eliminar los compuestos responsables, se firmó el Protocolo de Montreal y, poco a poco, el ozono comenzó a recuperarse. Fue una demostración de que, cuando queremos, somos capaces de reparar incluso lo que hemos dañado por ignorancia o ambición.

Ya se están proponiendo nuevas tecnologías como aliadas frente al desafío climático: energías renovables avanzadas, captura de carbono, geoingeniería solar, sistemas de alerta temprana, modelos climáticos de alta resolución o incluso algoritmos capaces de anticipar riesgos con una precisión sin precedentes. No obstante, al mismo tiempo continúa creciendo la incertidumbre sobre la relación entre el ser humano y la tecnología.

La inteligencia artificial ha llegado para quedarse, como una ola que se aproxima sin preguntar si sabemos nadar. Su potencial es inmenso, pero también lo es nuestra responsabilidad al utilizarla. Puede ayudarnos a comprender mejor el clima, a optimizar recursos, a tomar decisiones complejas. O puede empujarnos hacia una dependencia peligrosa a consecuencia de la cual dejemos de ejercer el juicio crítico que nos hace humanos.

Convivimos con riesgos tecnológicos que nosotros mismos hemos creado: desde armas nucleares capaces de alterar el curso de la humanidad en cuestión de minutos hasta virus u organismos modificados mediante ingeniería genética cuyo comportamiento podría evolucionar de forma impredecible una vez liberados en el medio. A ello se suman los avances en biotecnología sintética, capaces de reescribir genomas completos, y sistemas de inteligencia artificial que aprenden, se optimizan y toman decisiones a una velocidad que supera con creces nuestra capacidad para regularlos. En el caso de las armas nucleares, el peligro no solo reside en su evidente devastador poder destructivo, sino en cómo han ido evolucionando. Por ejemplo, hoy existen cabezas de fusión termonuclear cientos de veces más potentes que las utilizadas en Hiroshima o Nagasaki (y todos recordamos el daño que estas causaron), sistemas hipersónicos que reducen el tiempo de respuesta a apenas minutos y tecnologías que son cada vez más precisas. A ello se suma el gran aumento de arsenales en países que antes no contaban con ellos, el riesgo de errores humanos, ciberataques capaces de comprometer sistemas de defensa y una enorme automatización que podría reducir la intervención humana en la toma de decisiones críticas.

Por lo tanto, el peligro no reside únicamente en la existencia de estas tecnologías, sino también en la rapidez con la que evolucionan y en el hecho de que no seamos capaces de seguirles el ritmo. Este desequilibrio entre lo que somos capaces de crear y de controlar es quizá uno de los mayores desafíos de nuestro tiempo.

Aun así, creo que nuestra supervivencia en la Tierra dependerá también de nuestra capacidad de adaptación. El problema no es la tecnología en sí, sino cómo decidimos emplearla. No basta con inventarla; debemos saber convivir con ella, integrarla sin que nos devore, comprender sus límites y anticipar sus riesgos. Y, como toda herramienta poderosa, solo será útil si la utilizamos con inteligencia, ética y, sobre todo, mucha prudencia.

No obstante, incluso con toda la tecnología del mundo, existe una verdad que no podemos ignorar: no tenemos un plan B. No disponemos de un segundo hogar. Y esta constatación es muy poderosa. No hay ningún planeta cercano que reúna las condiciones que posee la Tierra. No existe aire respirable, ni mares con agua líquida, ni bosques que purifiquen la atmósfera, ni suelos fértiles capaces de sostener cosechas.

La Tierra es, hasta donde sabemos, el único hogar posible. Marte, nuestro vecino más prometedor, es un desierto azotado por tormentas de polvo. Venus es un ejemplo de efecto invernadero desbocado, donde el calor derrite el plomo y las nubes están compuestas de ácido sulfúrico. Los exoplanetas que hemos detectado están a distancias tan inconcebibles para nuestra mente humana que incluso las sondas más rápidas tardarían decenas de miles de años en llegar. La Tierra es nuestra mejor opción, y dentro de esa responsabilidad moral está protegerla incluso de nosotros mismos.

Aun reconociendo la singularidad de la Tierra, no podemos ignorar otra realidad, una que Hawking expone con contundencia en este libro: la posibilidad de que algún día nuestra supervivencia dependa también de mirar más allá de nuestro planeta.

En este punto merece la pena recordar que somos exploradores por naturaleza. Llevamos grabado en nuestro ADN un ansia irreprimible por conocer, comprender y descubrir. Ese impulso —el mismo que nos hizo cruzar océanos, ascender montañas y levantar la mirada hacia las estrellas— podría ser también el que en un futuro nos conduzca a colonizar otros mundos. Puede que por ahora no exista un lugar más propicio para la vida que la Tierra, pero tampoco podremos permanecer aquí para siempre. Incluso si lográramos superar los desafíos del cambio climático y nuestra especie siguiera habitando el planeta durante siglos o milenios, tendríamos que enfrentarnos a nuevos retos: cambios naturales en la atmósfera, variaciones en la actividad solar, impactos cósmicos, la evolución de las enfermedades o la presión de una población creciente sobre unos recursos finitos. Quizá algún día seamos demasiados para lo que este planeta puede sostener; tal vez su composición atmosférica cambie hasta volverse hostil; es posible que las tensiones geopolíticas o los conflictos tecnológicos transformen nuestro mundo de formas imprevisibles, o quizá, sencillamente, nuestra curiosidad nos empuje a buscar nuevos horizontes, nuevas fronteras. Debemos proteger la Tierra con todo lo que esté a nuestro alcance, pero si, aun así, un día no fuera suficiente..., ¿estamos dispuestos a morir con ella?

La pregunta que formula Hawking —¿sobreviviremos en la Tierra?— no es un ejercicio retórico ni un medio de sembrar miedos apocalípticos. Para mí simboliza un espejo en el cual debemos mirarnos sin ningún pudor y cuestionar qué queremos ser en este momento tan crucial de nuestra historia.

No nos engañemos: no sobreviviremos gracias al buen uso de la tecnología ni esperaremos a que alguien venga a salvarnos. Sobreviviremos —si lo hacemos—

porque habremos aprendido a escuchar al único hogar que hemos conocido. Porque habremos comprendido que la Tierra no nos pertenece, sino que nosotros le pertenecemos a ella, que somos meros pasajeros.

Si sobrevivimos como especie será porque habremos elegido cooperar por un bien común en lugar de competir, construir en lugar de destruir y preservar en vez de eliminar. Y si, aun así, un día todo esto no fuera suficiente, también será porque habremos tenido la valentía de mirar más allá de nuestras fronteras planetarias y buscar, juntos, una alternativa que mantenga viva nuestra esencia.

No hay un mundo como este en todo el cosmos que conocemos, creo que de eso no cabe ninguna duda. Este pequeño planeta azul es la improbabilidad hecha realidad. Así que disfrutémoslo mientras podamos.

Quizá ahí radique la esencia del mensaje de Hawking: comprender que nuestro futuro dependerá tanto de cómo cuidemos la Tierra como de la valentía con la que afrontemos lo que podría esperarnos más allá de ella.

MAR GÓMEZ
*Doctora en Física, meteoróloga
y divulgadora científica*

¿SOBREVIVIREMOS EN LA TIERRA?

En enero de 2018, el *Bulletin for Atomic Scientists*, una revista fundada por algunos de los físicos que habían trabajado en el Proyecto Manhattan, pusieron el Reloj del Día del Juicio Final, que mide la inminencia de una catástrofe militar o ambiental a que pueda enfrentarse nuestro planeta, a dos minutos antes de la medianoche (hora que representa simbólicamente el fin del mundo).

El reloj tiene una historia interesante. Se inició en 1947, en un momento en que la era atómica acababa de comenzar. Dos años antes, Robert Oppenheimer, el jefe científico del Proyecto Manhattan, había dicho tras la explosión de la primera bomba atómica, en julio de 1945, «sabíamos que el mundo no sería igual. Algunas personas se rieron, otras lloraron, la mayoría permanecieron en silencio. Recordé un versículo de la escritura hindú, el Bhagavad-Gita: "Ahora, me he convertido en la Muerte, la destructora de mundos"».

En 1947, el reloj se puso originalmente a las siete en punto de la tarde. Ahora está más cerca del Día del Juicio Final que en cualquier momento desde entonces, salvo a principios de los años cincuenta, al comienzo de la Guerra Fría. Como científico, me siento obligado a tomar muy en serio esa advertencia alarmante de otros científicos, impulsado, al menos en parte, por la elección de Donald Trump como presidente de Estados Unidos. Dicho reloj y la idea de que el tiempo corre o se está acabando para la especie humana, ¿son realistas o alarmistas? ¿Su advertencia es oportuna o es una pérdida de tiempo?

Tengo un interés muy personal en el tiempo. En primer lugar, mi libro más vendido, y la razón principal por la que soy conocido más allá de los límites de la comunidad científica, fue titulado *Brevísima historia del tiempo*. Entonces, algunos podrían imaginar que soy un experto en el tiempo, aunque por supuesto en nuestros días un experto no es necesariamente algo bueno. En segundo lugar, como alguien que cuando tenía veintiún años fue informado por los médicos de que solo le quedaban cinco años de vida, y que a pesar de ello a principios de este año ha cumplido setenta y cinco años, sí soy un experto en el tiempo, pero en otro sentido mucho más personal. Soy incómodamente, agudamente consciente del paso del tiempo, y he vivido gran parte de mi vida con la sensación de que el tiempo que me ha sido concedido es, como se dice, un préstamo.

Sin duda, nuestro mundo es más inestable políticamente que en cualquier otro momento de mi vida. Un gran número de personas se sienten abandonadas económica y socialmente. Como resultado, están recurriendo a políticos populistas, o al menos populares, que tienen una experiencia limitada de gobierno y cuya capacidad para tomar decisiones sensatas ante una crisis aún no se ha probado. Así que eso implicaría que un reloj del Día del Juicio Final debería acercarse a un punto crítico, ya que va creciendo la perspectiva de fuerzas descuidadas o malévolas que precipiten el Armagedón.

La Tierra está amenazada en tantos aspectos que resulta difícil ser positivo. Las amenazas son demasiado grandes y numerosas.

Primero, la Tierra se nos está quedando demasiado pequeña. Los recursos físicos están siendo drenados a un ritmo alarmante. Hemos hecho a nuestro planeta el regalo desastroso del cambio climático: temperaturas crecientes, reducción de los casquetes polares, deforestación, sobrepoblación, enfermedades, guerras, hambrunas, falta de agua y diezmamiento de especies animales. Todos estos problemas tienen soluciones, pero hasta ahora no han sido aplicadas.

El calentamiento global es causado por todos nosotros: queremos coches, viajes y un mejor nivel de vida. El problema es que cuando la gente se dé cuenta de lo que está sucediendo puede ser demasiado tarde. Como estamos al borde de una Segunda Era Nuclear y de un período de cambio climático sin precedentes, los científicos tienen una responsabilidad especial, una vez más, para informar al público y asesorar a los líderes sobre los peligros con que se enfrenta la humanidad. Como científicos, entendemos los peligros de las armas nucleares y sus efectos devastadores, y estamos aprendiendo cómo las actividades humanas y las tecnologías están afectando los sistemas climáticos de maneras que pueden cambiar para siempre la vida en la Tierra. Como ciudadanos del mundo, tenemos el deber de compartir ese conocimiento y alertar al público sobre riesgos innecesarios con los que vivimos todos los días. Prevemos un gran peligro si los gobiernos y las sociedades no toman medidas ahora, para hacer que las armas nucleares devengan obsoletas y evitar más cambio climático.

Al mismo tiempo, muchos de esos mismos políticos están negando la realidad del origen humano del cambio climático, o al menos la capacidad del hombre para revertirlo, justo en el momento en que nuestro mundo se enfrenta con una serie de crisis ambientales críticas. El peligro es que el calentamiento global puede empezar a retroalimentarse, si no lo ha hecho ya. El derretimiento del Ártico y del casquete polar antártico reduce la fracción de energía solar que se refleja en el espacio, con lo cual la temperatura aumenta más. El cambio climático puede matar la Amazonia y otras selvas tropicales y eliminar una de las principales formas en que se extrae dióxido de carbono de la atmósfera. El aumento de la temperatura del mar puede desencadenar la liberación de grandes cantidades de dióxido de carbono, atrapado como hidruros en el fondo del océano. Ambos fenómenos pueden aumentar el efecto invernadero y el calentamiento global y podrían hacer que nuestro clima se convierta en el de Venus: hirviente y con lluvias de ácido sulfúrico, pero con una temperatura de 250 grados Celsius. La vida humana sería insostenible. Necesitamos ir más allá del Protocolo de Kioto y reducir las emisiones de carbono ahora mismo. Tenemos la tecnología para hacerlo. Solo necesitamos la voluntad política.

Podemos ser un grupo ignorante e irreflexivo. Cuando a lo largo de la historia hemos llegado a crisis similares, generalmente ha habido otro lugar para colonizar. Colón lo hizo en 1492 cuando descubrió el Nuevo Mundo. Pero ahora no hay un mundo nuevo. No hay una Utopía a la vuelta de la esquina. Nos estamos quedando sin espacio y los únicos lugares a donde ir son otros mundos.

El universo es un lugar violento. Las estrellas engullen planetas, las supernovas lanzan rayos letales al espacio, los agujeros negros chocan entre sí y los asteroides se precipitan a cientos de kilómetros por segundo. Por supuesto, esos fenómenos no hacen que el espacio parezca muy atractivo. Estas son las razones por las cuales deberíamos aventurarnos en el espacio, en lugar de quedarnos quietos. No tenemos defensa contra la colisión con un asteroide. La última colisión de asteroides fue hace unos sesenta y cinco millones de años y puso fin a los dinosaurios, y volverá a ocurrir. Esto no es ciencia ficción. Está garantizado por las leyes de la física y de la probabilidad.

La guerra nuclear sigue siendo probablemente la mayor amenaza para la humanidad en este momento. Es un peligro que hemos olvidado. Rusia y Estados Unidos ya no disparan tan despreocupadamente, pero todavía tienen suficientes bombas para destruir a todos los habitantes del planeta. Supongamos que hay un accidente o que los terroristas se apoderan de ellas. Y el riesgo aumenta a medida que más países dispongan de armas nucleares. Incluso después del final de la Guerra Fría, todavía hay suficientes armas nucleares acumuladas para matarnos a todos varias veces, y nuevas naciones nuclearizadas se sumarán a la inestabilidad.

Con el tiempo, la amenaza nuclear puede disminuir pero se desarrollarán otras amenazas, así que debemos permanecer en guardia.

De una forma u otra, considero casi inevitable que haya alguna confrontación nuclear o que la catástrofe ambiental paralice la Tierra en algún momento en los próximos mil años, que en comparación con el tiempo geológico es un simple abrir y cerrar de ojos. Para entonces espero y creo que nuestra ingeniosa especie habrá encontrado alguna manera de escuchar los lamentos de la Tierra y, por lo tanto, de sobrevivir al desastre. Pero puede que no ocurra lo mismo con millones de otras especies que habitan la Tierra y cuya desaparición pesará sobre nuestra conciencia como especie.

Creo que estamos actuando con imprudente indiferencia hacia nuestro futuro en el planeta Tierra. En este momento no tenemos otro lugar adonde ir, pero a la larga la especie humana no debería poner todos sus huevos en una sola canasta o en un solo planeta. Solo espero que hasta entonces podamos evitar que la canasta caiga. Pero somos, por naturaleza, exploradores, motivados por la curiosidad. Esta es una característica particular del ser humano. Es esta curiosidad la que impulsó a enviar exploradores a probar que la Tierra no es plana, y es el mismo instinto que nos envía a las estrellas a la velocidad del pensamiento, instándonos a ir a ellas en realidad. Y cada vez que damos un nuevo gran salto, como los alunizajes, elevamos la humanidad, unimos personas y naciones, marcamos el comienzo de nuevos descubrimientos y nuevas tecnologías. Salir de la Tierra exige un enfoque global concertado, al cual todos deberían unirse. Necesitamos reavivar la emoción de los primeros días del viaje espacial en los años sesenta. La tecnología está casi a nuestro alcance. Es hora de explorar otros sistemas solares; puede ser lo único que nos salve de nosotros mismos. Estoy convencido de que los humanos necesitamos dejar la Tierra para evitar correr el riesgo de ser aniquilados.

●

Entonces, más allá de mis esperanzas en la exploración espacial, ¿qué aspecto tendrá el futuro y cómo podría ayudarnos la ciencia?

La imagen popular de la ciencia en el futuro se muestra en la televisión todas las noches en series de ciencia ficción como *Star Trek*. Incluso me persuadieron para que participara en ella, aunque no resultó difícil.

La aparición en *Star Trek* fue muy divertida, pero solo la menciono para poner un punto de seriedad. Casi todas las visiones del futuro que nos han mostrado desde H. G. Wells en adelante han sido esencialmente estáticas. Muestran una sociedad que en la mayoría de los casos está muy avanzada a la nuestra en ciencia, en tecnología y en organización política (Eso último podría no ser difícil.) En el período comprendido desde ahora hasta entonces, debe de haber experimentado grandes cambios con sus tensiones y trastornos. Pero cuando nos muestran la ciencia, la tecnología y la organización futura de la sociedad, se deja entender que han alcanzado un nivel de casi perfección.

Cuestiono esa imagen y me pregunto si alguna vez alcanzaremos un estado estable en ciencia y tecnología. En los diez mil años transcurridos desde la última Edad de Hielo, en ningún momento la especie humana ha dejado de avanzar continuamente en conocimiento y tecnología. Ha habido algunos reveses, como la Edad Oscura tras la caída del Imperio romano, pero la población mundial, que es una medida de nuestra capacidad tecnológica para preservar la vida y alimentarnos, ha aumentado constantemente, salvo algunos contratiempos como la Muerte Negra. En los últimos doscientos años, el crecimiento se ha vuelto exponencial —y la población mundial se ha disparado de mil millones de habitantes a siete mil seiscientos millones—. Otras medidas de desarrollo tecnológico en los últimos tiempos, como el consumo de electricidad o el número de artículos científicos publicados, también muestran un crecimiento exponencial con un tiempo de duplicación de unos cuarenta años o menos. De hecho, ahora tenemos unas expectativas tan grandes que alguna gente se siente defraudada por los políticos y los científicos porque aún no hemos alcanzado las visiones utópicas del futuro. Por ejemplo, la película *2001* nos mostró una base en la Luna y el lanzamiento de un vuelo tripulado, o debería decir personificado, a Júpiter.

No hay señales de que el desarrollo científico y tecnológico se ralentice y se detenga en un futuro cercano. Ciertamente, no para la época de *Star Trek*, que se supone a tan solo trescientos cincuenta años en el futuro. Pero el crecimiento exponencial actual no puede continuar para el próximo milenio. Para el año 2600, toda la población mundial estaría en pie, hombro contra hombro, y el consumo de electricidad haría que la Tierra brillara al rojo vivo. Si fuéramos poniendo uno al lado de otro los nuevos libros que van siendo publicados tendríamos que movernos a unos sesenta kilómetros por hora para mantener el ritmo con el extremo de la línea. Por supuesto, hacia 2600, los nuevos trabajos artísticos y científicos vendrán en formatos electrónicos en lugar de libros y documentos físicos. Sin embargo, si continuara ese crecimiento exponencial, aparecerían diez nuevos artículos por segundo en mi especialidad de física teórica y no habría tiempo para leerlos.

Claramente, el crecimiento exponencial actual no puede continuar indefinidamente. Entonces, ¿qué pasará? Una posibilidad es que seamos barridos completamente por algún desastre, como un accidente o una guerra nucleares. Incluso si no nos destruimos completamente, existe la posibilidad de que podamos descender a un estado de brutalidad y barbarie como la escena de apertura de *Terminator*.

Por lo tanto, ¿cómo nos desarrollaremos en ciencia y tecnología durante el próximo milenio? Esto es muy difícil de responder. Pero déjenme arriesgar y ofrecer mis predicciones para el futuro. Tengo alguna posibilidad de acertar en lo que se refiere a los próximos cien años, pero en lo que se refiere al resto del milenio será pura especulación.

Nuestra comprensión moderna de la ciencia comenzó casi al mismo tiempo que el asentamiento europeo en América del Norte, y hacia el final del siglo XIX parecía que estábamos a punto de lograr una comprensión completa del universo en términos de lo que ahora se conoce como leyes clásicas. Pero, como hemos visto, en el siglo XX diversas observaciones empezaron a mostrar que la energía viene en paquetes discretos llamados cuantos y un nuevo tipo de teoría denominada mecánica cuántica fue formulada por Max Planck y otros. La teoría cuántica presenta una imagen de la realidad completamente diferente, en la cual las cosas no tienen una historia única sino todas las historias posibles, cada una con su propia probabilidad. Cuando vamos a escalas de pequeñas partículas individuales, las posibles historias de las partículas deben incluir caminos que viajan más rápido que la luz e incluso caminos que retroceden en el tiempo. Pero los caminos que retroceden en el tiempo no son como ángeles que bailan en la punta de un alfiler, sino que tienen consecuencias observables reales. Incluso lo que consideramos como espacio vacío está lleno de partículas que se mueven en bucles espacio-temporales cerrados, es decir, avanzan en el tiempo en un lado del ciclo y hacia atrás en el tiempo en el otro lado.

Lo preocupante del caso es que, como en el espacio-tiempo hay un número infinito de puntos, habrá un número infinito de posibles bucles cerrados de partículas. Un número infinito de bucles cerrados de partículas tendría una cantidad infinita de energía y curvaría el espacio y el tiempo hasta reducirlos a un punto. Ni tan solo la ciencia-ficción ha imaginado algo tan extraño. Manejar esta energía infinita requiere una contabilidad realmente creativa. Gran parte del trabajo en física teórica en los últimos veinte años ha consistido en buscar una teoría en la que los infinitos bucles cerrados en el espacio y el tiempo se cancelen entre sí por completo. Solo entonces podremos unificar la teoría cuántica con la relatividad general de Einstein y lograr una teoría completa de las leyes básicas del universo.

¿Cuáles son las perspectivas de que descubramos esa teoría completa en el próximo milenio? Yo diría que muy buenas, pero soy un optimista. En 1980 dije que pensaba que había una posibilidad del cincuenta por ciento de descubrir una teoría unificada completa en los veinte años siguientes. Hemos hecho algunos progresos notables desde entonces, pero la teoría final parece estar a la misma distancia. ¿El Santo Grial de la física estará siempre más allá de nuestro alcance? Creo que no.

A principios del siglo XX entendimos el funcionamiento de la naturaleza en la escala de la física clásica, que es satisfactorio hasta alrededor de una centésima de milímetro aproximadamente. Los trabajos sobre física atómica en los primeros treinta años del siglo nos llevaron a comprender el funcionamiento hasta longitudes de una millonésima de milímetro. Desde entonces, la investigación en la física nuclear y de altas energías nos ha llevado a escalas de longitud mil millones de veces más pequeñas. Parecería que podríamos seguir descubriendo indefinidamente estructuras a escalas de longitud más y más pequeñas. Sin embargo, hay un límite para esta serie como lo hay para la serie de muñecas dentro de las muñecas rusas. Al final, uno se encuentra con una muñeca más pequeña que ya no puede abrirse. En física, la muñeca más pequeña se llama la longitud de Planck y es un milímetro dividido por cien mil millones de billones de billones. No estamos en disposición de construir aceleradores de partículas que puedan sondear a distancias tan pequeñas. Tendrían que ser mayores que el sistema solar y no es probable que sean aprobados en el actual clima financiero. Sin embargo, hay consecuencias de nuestras teorías que pueden ser exploradas por máquinas mucho más modestas.

No será posible alcanzar la longitud de Planck en el laboratorio, pero podemos estudiar el Big Bang para obtener evidencias observacionales a mayores energías y escalas de longitud más cortas de las que podemos lograr en la Tierra. Sin embargo, en gran medida tendremos que confiar en la belleza y la consistencia matemáticas para encontrar la teoría del todo definitiva.

La visión del futuro de *Star Trek* de que lograremos un nivel avanzado pero esencialmente estático puede hacerse realidad con respecto a nuestro conocimiento de las leyes básicas del universo, pero no creo que lleguemos a una situación estática en nuestras aplicaciones de dichas leyes. La teoría definitiva no pondrá límite alguno a la complejidad de los sistemas que podamos producir y es en esta complejidad en donde creo que se producirán los desarrollos más importantes del próximo milenio.

Con mucho, los sistemas más complejos que conocemos son nuestros propios cuerpos. La vida parece haber tenido su origen en los océanos primordiales que cubrieron la Tierra hace cuatro mil millones de años. Cómo sucedió, no lo sabemos. Puede ser que en las colisiones aleatorias entre átomos se fueran acumulando macromoléculas capaces de reproducirse y de ensamblarse en estructuras más complicadas. Lo que sí sabemos es que hace tres mil quinientos millones de años ya había surgido ADN, una molécula altamente complicada. El ADN es la base de toda la vida en la Tierra. Tiene estructura de doble hélice, como una doble escalera de caracol, que fue descubierta por Francis Crick y James Watson en el laboratorio Cavendish, en Cambridge, en 1953. Las dos hebras de la doble hélice están unidas por pares de bases nitrogenadas, como los escalones de una escalera de caracol. Hay cuatro tipos de bases nitrogenadas: citosina, guanina, adenina y timina. El orden en que las diferentes bases nitrogenadas se suceden a lo largo de la escalera de caracol contiene la información genética que permite a la molécula de ADN ensamblar un organismo a su alrededor y reproducirse. A medida que el ADN va haciendo copias de sí mismo va habiendo errores ocasionales en el orden de las bases nitrogenadas a lo largo de la espiral. En la mayoría de los casos, los errores de copia impedirían que el ADN pudiera volver a reproducirse. Tales errores genéticos, o mutaciones como se les llama, se extinguirían. Pero en algunos casos el error o la mutación aumentarían las posibilidades de que el ADN sobreviva y se reproduzca. Esta selección natural de mutaciones fue propuesta por primera vez por otro hombre de Cambridge, Charles Darwin, en 1858, aunque no conocía el mecanismo para ello. Así pues, el contenido de la información en la secuencia de bases va evolucionando y aumentando en complejidad gradualmente.

Como la evolución biológica es básicamente un camino aleatorio en el espacio de todas las posibilidades, ha sido muy lenta. La complejidad, o cantidad de bits de información codificados en el ADN, viene dada aproximadamente por la cantidad de bases nitrogenadas en la molécula. Cada bit de información se puede considerar como la respuesta a una pregunta de sí o no. Durante los primeros dos mil millones de años, más o menos, la tasa de aumento en la complejidad debió haber sido del orden de un bit de información cada cien años. La tasa de aumento de la complejidad del ADN aumentó gradualmente hasta alrededor de un bit por año durante los últimos millones de años. Pero ahora estamos en el comienzo de un nueva era en que podremos aumentar la complejidad de nuestro ADN sin tener que esperar el lento proceso de la evolución biológica. No ha habido cambios significativos en el ADN humano en los últimos diez mil años, pero es probable que podamos rediseñarlo completamente en los próximos mil años. Por supuesto, mucha gente dirá que la ingeniería genética en humanos debería ser prohibida, pero dudo mucho si podrán prevenirlo. La ingeniería genética en plantas y animales será permitida por razones económicas y alguien se sentirá tentado a probarlo en humanos. A menos que tengamos un orden mundial totalitario, alguien diseñará humanos mejorados en alguna parte.

Desarrollar humanos claramente mejorados creará grandes problemas sociales y políticos con respecto a los humanos no mejorados. No defiendo la ingeniería genética humana como algo bueno en sí, solo estoy diciendo que es probable que suceda en el próximo milenio, lo deseemos o no. Es por eso que no creo en la ciencia ficción como *Star Trek*, donde las personas son esencialmente iguales a las de ahora trescientos cincuenta años en el futuro. Creo que la especie humana y su ADN aumentarán su complejidad bastante rápidamente.

En cierto modo, la especie humana necesita mejorar sus cualidades mentales y físicas para tratar con el mundo cada vez más complejo que lo rodea y afrontar nuevos desafíos como los viajes espaciales. Y también necesita aumentar su complejidad si los sistemas biológicos deben mantenerse por delante de los sistemas electrónicos. Por el momento, los ordenadores nos aventajan en velocidad, pero no muestran signos de inteligencia. Ello no es sorprendente porque nuestros ordenadores actuales son menos complejos que el cerebro de una lombriz, una especie no especialmente reconocida por sus poderes intelectuales. Pero los ordenadores obedecen la ley de Moore, propuesta por Gordon Moore, de Intel, que afirma que su velocidad y complejidad se duplican cada dieciocho meses. Es uno de esos crecimientos exponenciales que no pueden continuar indefinidamente. Sin embargo, probablemente continuará hasta que los ordenadores alcancen una complejidad similar a la del cerebro humano. Algunas personas dicen que los ordenadores nunca podrán mostrar verdadera inteligencia, sea lo que sea esta. Pero me parece que si es muy complicado que las moléculas químicas puedan operar en los humanos para hacerlos inteligentes, igualmente circuitos electrónicos complicados también pueden hacer que los ordenadores actúen de manera inteligente. Y si son inteligentes, presumiblemente podrán diseñar ordenadores que tengan aún mayor complejidad e inteligencia.

Por eso no creo en la imagen de ciencia ficción de un futuro avanzado pero fijo; más bien espero que la complejidad aumente a un ritmo acelerado, tanto en las esferas de lo biológico como de lo electrónico. No mucho de esto sucederá ya en los próximos cien años, que es todo lo que podemos predecir fiablemente. Pero para el final del próximo milenio, si llegamos a él, el cambio será fundamental.

Lincoln Steffens dijo una vez: «He visto el futuro y funciona». En realidad, él se refería a la Unión Soviética, que ahora sabemos que no funcionó muy bien. Sin embargo, aunque creo que el orden mundial presente tiene un futuro, este será muy diferente.

¿Cuál es la mayor amenaza al futuro de nuestro planeta?

Sería una colisión con un asteroide, contra la cual carecemos de defensa. La última gran colisión con un asteroide fue hace unos sesenta y seis millones de años y puso fin a los dinosaurios. Un peligro más inmediato es que el cambio climático se acelere. Un aumento de la temperatura de los océanos fundiría los casquetes de hielo polares y liberaría grandes cantidades de dióxido de carbono. Ambos efectos harían que nuestro clima se convirtiera en el de Venus, pero con una temperatura de unos 250 grados Celsius.

¿DEBERÍAMOS COLONIZAR EL ESPACIO?

¿Por qué deberíamos ir al espacio? ¿Cuál es la justificación para gastar tanto esfuerzo y dinero para obtener algunos fragmentos de rocas lunares? ¿No hay mejores causas aquí en la Tierra? La respuesta obvia es porque está ahí, a nuestro alrededor. No dejar el planeta Tierra sería como ser náufragos en una isla desierta, sin intentar escapar. Necesitamos explorar el sistema solar para encontrar sitios donde los humanos puedan vivir.

En cierto modo, la situación era así en la Europa de antes de 1492. Se podría haber discutido si era una pérdida de dinero enviar a Colón a una búsqueda alocada. Sin embargo, el descubrimiento del Nuevo Mundo provocó una profunda diferencia en el Viejo. Piense, por ejemplo, qué ocurriría si no hubiéramos tenido la Big Mac o KFC. Extenderse al espacio tendrá un efecto aún mayor. Cambiará completamente el futuro de la especie humana, y tal vez determinará que tengamos o no algún futuro. No resolverá ninguno de nuestros problemas inmediatos en el planeta Tierra, pero nos proporcionará una nueva perspectiva sobre ellos y hará que miremos hacia fuera en lugar de hacia dentro. Con suerte, nos unirá para enfrentar el desafío común.

Esta sería una estrategia a largo plazo, y por largo plazo me refiero a cientos o incluso a miles de años. Podríamos tener una base en la Luna dentro de treinta años, llegar a Marte en cincuenta y explorar las lunas de los planetas exteriores en doscientos. Al hablar de alcance, me refiero a vuelos tripulados por humanos. Ya hemos conducido vehículos de observación en Marte y hemos hecho aterrizar sondas en Titán, una luna de Saturno, pero, si estamos considerando el futuro de la especie humana, tenemos que ir allí nosotros mismos.

Ir al espacio no será barato, pero solo supondría una pequeña proporción de los recursos del mundo. El presupuesto de la NASA se ha mantenido aproximadamente constante en términos reales desde el momento de los desembarcos del Apolo en la Luna, pero ha disminuido desde un 0,3 por ciento del PIB de Estados Unidos en 1970 hasta un 0,12 por ciento en la actualidad. Incluso si tuviéramos que aumentar el presupuesto internacional veinte veces para hacer un esfuerzo serio para ir al espacio, supondría solo una pequeña fracción del PIB mundial.

Habrá quienes argumenten que sería mejor gastar nuestro dinero resolviendo los problemas de este planeta, como el cambio climático y la contaminación, en lugar de desperdiciarlo en una búsqueda posiblemente infructuosa de un nuevo planeta. No niego la importancia de luchar contra el cambio climático y el calentamiento global, pero podemos hacer eso y todavía reservar un 0,25 por ciento del PBI mundial para el espacio. ¿No vale nuestro futuro un 0,25 por ciento?

En la década de 1960, estuvimos convencidos de que el espacio merecía un gran esfuerzo. En 1962, el presidente Kennedy comprometió a los Estados Unidos a hacer aterrizar un hombre en la Luna para el final de la década. El 20 de julio de 1969, Buzz Aldrin y Neil Armstrong aterrizaron en la superficie de la Luna. Ello cambió el futuro de la especie humana. En aquel momento yo tenía veintisiete años, era un joven investigador en Cambridge, y me lo perdí. Estaba en una reunión sobre singularidades en Liverpool y escuchaba una conferencia de René Thom sobre teoría de catástrofes cuando se produjo el alunizaje. En aquellos días no había televisión en diferido y no teníamos ningún televisor a mano, pero mi hijo de dos años me lo describió.

La carrera espacial ayudó a crear una fascinación por la ciencia y aceleró el progreso tecnológico. Muchos de los científicos de hoy se inspiraron en los alunizajes para dedicarse a la ciencia, con el objetivo de comprender más acerca de nosotros mismos y de nuestro lugar en el universo. Nos proporcionó nuevas perspectivas sobre nuestro mundo, lo que nos llevó a considerar el planeta como un todo. Sin embargo, después del último alunizaje en 1972, sin más planes futuros para vuelos espaciales tripulados, el interés público en el espacio disminuyó. Esto coincidió con un desencanto general hacia la ciencia en Occidente, porque a pesar de que ha traído grandes beneficios no ha resuelto los problemas sociales que ocupan cada vez más la atención del público.

Un nuevo programa de vuelo espacial tripulado haría mucho para restaurar el entusiasmo público por el espacio y por la ciencia en general. Las misiones robóticas son mucho más baratas y pueden proporcionar más información científica, pero no captan la imaginación del público de la misma manera, y no difunden la especie humana al espacio, lo que, según estoy argumentando, debería ser nuestra estrategia a largo plazo. Un objetivo de una base en la Luna para 2050 y de un aterrizaje tripulado en Marte para 2070 relanzaría el programa espacial y le daría un sentido atractivo, de la misma manera que el objetivo de la Luna del presidente Kennedy lo hizo en la década de 1960. A finales de 2017, Elon Musk anunció los planes de Space X para una base lunar y una misión a Marte en 2022, y el presidente Trump firmó una directiva de política espacial redirigiendo la NASA a la exploración y el descubrimiento, de manera que tal vez llegaremos allí antes.

Un nuevo interés por el espacio también aumentaría la posición pública de la ciencia en general. La baja estima hacia la ciencia y los científicos está teniendo serias consecuencias. Vivimos en una sociedad que se rige cada vez más por la ciencia y la tecnología, pero cada vez menos jóvenes quieren entrar en la ciencia. Un nuevo y ambicioso programa espacial excitaría a los jóvenes y los estimularía a entrar en una amplia gama de ciencias, no solo astrofísica y ciencia espacial.

Lo mismo me pasó a mí. Siempre soñé con los vuelos espaciales. Pero durante muchos años pensé que era solo un sueño. Confinado a la Tierra y en una silla de ruedas, ¿cómo podría experimentar la majestuosidad del espacio, excepto a través de la imaginación y de mi trabajo en física teórica? Nunca pensé que tendría la oportunidad de ver nuestro hermoso planeta desde el espacio, ni de mirar hacia lo lejos, hasta el infinito. Este era el dominio de los astronautas, unos pocos afortunados que experimentaban la maravilla y la emoción del vuelo espacial. Pero no había tenido en cuenta la energía y el entusiasmo de las personas cuya misión es dar el primer paso para aventurarse lejos de la Tierra. Y en 2007 tuve la fortuna de efectuar un vuelo de gravedad cero y experimentar la ingravidez por primera vez. Solo duró cuatro minutos pero fue increíble: podría haber seguido y seguido.

En aquel momento declaré mi temor de que la especie humana no tenga futuro si no vamos al espacio. Lo creía entonces y lo creo todavía. Y espero haber demostrado que cualquiera puede participar en viajes espaciales. Creo que depende de científicos como yo, juntamente con empresarios comerciales innovadores, hacer todo lo posible para promover la emoción y la maravilla de los viajes espaciales.

Pero ¿pueden los humanos existir durante largo tiempo lejos de la Tierra? La experiencia con la ISS, la Estación Espacial Internacional, muestra que es posible que los humanos sobrevivan muchos meses lejos del planeta Tierra. Sin embargo, la gravedad cero de la órbita causa una serie de cambios fisiológicos indeseables y debilitamiento de los huesos, así como problemas prácticos con los líquidos, entre otros. Por lo tanto, cualquier base a largo plazo para los seres humanos debería estar en un planeta o una luna. Al excavar en su superficie, se obtendría aislamiento térmico y protección contra los meteoritos y los rayos cósmicos. El planeta o la luna también podrían servir como fuente de las materias primas que serían necesarias para que la comunidad extraterrestre pudiera ser autosuficiente, independientemente de la Tierra.

¿Cuáles son los posibles sitios para una colonia humana en el sistema solar? El más obvio es la Luna. Está cerca y es relativamente fácil de alcanzar. Ya hemos aterrizado en ella y conducido por ella en un todoterreno. Pero la Luna es pequeña y sin atmósfera ni campo magnético que desvíe las partículas de radiación solar, como ocurre en la Tierra. No hay agua líquida, pero podría haber hielo en los cráteres en los polos norte y sur. Una colonia en la Luna podría usarla como fuente de oxígeno, con energía proporcionada por tecnología nuclear o por paneles solares. La Luna podría ser una base para viajar al resto del sistema solar.

Marte es el siguiente objetivo obvio. Su distancia al Sol es una vez y media la de la Tierra y recibe la mitad del calor que esta. En el pasado tuvo un campo magnético, pero decayó hace cuatro mil millones de años, dejando a Marte sin protección respecto de la radiación solar. Esto despojó a Marte de la mayoría de su atmósfera, dejándola con solo el uno por ciento de la presión atmosférica terrestre. Sin embargo, la presión debió haber sido más alta en el pasado, porque vemos lo que parece ser rastros de canales y de lagos secos. El agua líquida no puede existir en Marte ahora, ya que se va porizaría en el vacío circundante. Esto sugiere que Marte tuvo un período húmedo cálido durante el cual podría haber aparecido la vida, ya sea de forma espontánea o mediante panspermia (es decir, llegada de algún otro lugar del universo). No hay señales de vida en Marte ahora pero, si encontramos evidencias de que la vida existió allí alguna vez, indicaría que la probabilidad de que la vida se desarrolle en un planeta adecuado fue bastante alta. Debemos ser cuidadosos sin embargo, para no confundir el problema contaminando el planeta con vida desde la Tierra. Del mismo modo, debemos tener mucho cuidado de no traer a la Tierra ninguna forma de vida exterior. No tendríamos resistencia a ella y podría acabar con la vida en la Tierra.

La NASA ha enviado una gran cantidad de naves espaciales a Marte, comenzando con el Mariner 4 en 1964. También inspeccionó el planeta con varios vuelos orbitales, el último de los cuales fue el Mars reconnaissance orbiter. Esos vuelos orbitales han revelado profundos barrancos y las montañas más altas que se conocen en el sistema solar. También ha hecho aterrizar una serie de sondas en la superficie de Marte, más recientemente, las dos Mars Rovers, que han enviado imágenes de un paisaje desértico, seco. Tal como en la Luna, se podría obtener agua y oxígeno de su hielo polar. En Marte hubo actividad volcánica, que habría arrastrado hasta la superficie minerales y metales, que una colonia podría usar.

La Luna y Marte son los sitios más adecuados para las colonias espaciales en el sistema solar. Mercurio y Venus son demasiado calientes, mientras que Júpiter y Saturno son gigantes gaseosos, sin superficie sólida. Las lunas de Marte son muy pequeñas y no tienen ventajas sobre el propio Marte. Algunas de las lunas de Júpiter y Saturno serían lugares posibles. Europa, una luna de Júpiter, tiene una superficie de hielo congelado pero bajo ella podría haber agua líquida en la que la vida podría haberse desarrollado. ¿Cómo podemos averiguarlo? ¿Tenemos que aterrizar en Europa y perforar un agujero?

Titán, una luna de Saturno, es más grande y masiva que nuestra Luna y tiene una atmósfera densa. La misión Cassini-Huygens de la NASA y la Agencia Espacial Europea ha hecho aterrizar en Titán una sonda que ha enviado imágenes de la superficie. Sin embargo, al estar tan lejos del Sol hace mucho frío, y no me gustaría vivir cerca de un lago de metano líquido.

Pero ¿qué hay de aventurarse más allá del sistema solar? Nuestras observaciones indican que una fracción significativa de estrellas tiene planetas a su alrededor. Por ahora, solo podemos detectar planetas gigantes, como Júpiter y Saturno, pero es razonable suponer que están acompañados por planetas más pequeños, parecidos a la Tierra. Algunos de estos se encontrarán en la zona de habitabilidad, en la cual la distancia a la estrella está en el intervalo adecuado para que haya agua líquida en su superficie. Hay alrededor de mil estrellas a menos de treinta años luz de la

Tierra. Si el uno por ciento de ellas tienen planetas del tamaño de la Tierra en la zona habitable, tenemos diez candidatos a nuevos mundos.

Consideremos Proxima b, por ejemplo. Este exoplaneta, que es el más cercano a la Tierra pero a cuatro y medio años-luz de distancia, orbita la estrella Proxima Centauri, en el sistema Alfa Centauri, e investigaciones recientes indican que tiene algunas similitudes con la Tierra.

Quizás no sea posible viajar a ellos con la tecnología actual, pero usando la imaginación podemos hacer del viaje interestelar un objetivo a largo plazo en los próximos doscientos a quinientos años. La velocidad con que podemos enviar un cohete se rige por dos factores: la velocidad del escape de los gases, y la fracción de masa que el cohete pierde a medida que se acelera. La velocidad de escape de los gases de los cohetes químicos, como los utilizados hasta ahora, es de unos tres kilómetros por segundo. Al deshacerse del treinta por ciento de su masa, pueden alcanzar una velocidad de aproximadamente medio kilómetro por segundo, y luego reducir la velocidad de nuevo. Según la NASA, se tardaría tan solo unos 260 días para llegar a Marte, con una imprecisión de unos diez días, aunque algunos de sus científicos predicen que se podría tardar tan solo unos 130 días. Pero se tardaría unos tres millones de años para llegar al sistema estelar más cercano. Ir más rápido requeriría una velocidad de escape mucho más alta que la que pueden proporcionar los cohetes químicos, la de la luz misma. Un poderoso haz de luz desde la parte trasera podría impulsar la nave espacial hacia delante. La fusión nuclear podría proporcionar un uno por ciento de la energía de masa de la nave espacial, que la aceleraría a una décima parte de la velocidad de la luz. Para superar eso, necesitaríamos o bien la aniquilación de la materia o alguna forma de energía completamente nueva. De hecho, la distancia a Alfa Centauri es tan grande que, para alcanzarla en la vida humana, una nave espacial tendría que llevar combustible con aproximadamente la masa de todas las estrellas de nuestra galaxia. En otras palabras, con la tecnología actual el viaje interestelar es completamente impracticable. Alfa Centauri nunca podrá convertirse en un destino de vacaciones.

Tenemos la oportunidad de cambiar eso, gracias a la imaginación y el ingenio. En 2016 me asocié con el emprendedor Yuri Milner para lanzar el proyecto Breakthrough Starshot, un programa de investigación y desarrollo a largo plazo destinado a hacer realidad los viajes interestelares. Si tenemos éxito, enviaremos una sonda a Alfa Centauri durante la vida de algunos de ustedes. Pero volveré a esto dentro de poco.

¿Cómo comenzamos este viaje? Hasta ahora, nuestras exploraciones se han limitado a nuestro entorno cósmico local. Cuarenta años después de su lanzamiento, nuestro explorador más intrépido, el Voyager, acaba de llegar al espacio interestelar. Su velocidad, de unos veinte kilómetros por segundo, significa que tardaría unos setenta mil años para llegar a Alfa Centauri. Esta constelación está a 4,37 años luz de distancia, unos cuarenta y cinco billones de kilómetros. Si hay seres vivos en Alfa Centauri, hoy permanecen felizmente ignorantes del ascenso de Donald Trump.

Está claro que estamos entrando en una nueva era espacial. Los primeros astronautas privados serán sus pioneros y los primeros vuelos serán muy costosos, pero espero que con el tiempo los vuelos espaciales lleguen a estar al alcance de mucha más población de la Tierra. Llevar más y más pasajeros al espacio dará un nuevo significado a nuestro lugar en la Tierra y a nuestras responsabilidades como administradores suyos, y nos ayudará a reconocer nuestro lugar y futuro en el cosmos, que es donde creo que reside nuestro destino final.

El programa Breakthrough Starshot es una verdadera oportunidad para que realicemos incursiones tempranas en el espacio exterior, con miras a investigar y sopesar las posibilidades de la colonización. Es una misión de prueba y ensayo, y se basa en tres ideas: una nave espacial miniaturizada, propulsión mediante luz y láseres de fase bloqueada. La Star Chip, una sonda espacial totalmente funcional reducida a unos pocos centímetros de tamaño, se adherirá a una vela ligera. Hecha de metamateriales, esta vela ligera no pesará más que unos pocos gramos. Está previsto que mil naves Star Chip y sus velas ligeras, el sistema Nanocraft, serán puestas en órbita. En el suelo, un conjunto de láseres a escala de kilómetros se combinarán en un único y poderosísimo haz de luz. El rayo se disparará a través de la atmósfera contra las velas espaciales con decenas de gigavatios de potencia.

La idea de esta innovación es que el sistema Nanocraft cabalgue en un haz de luz —como Einstein en su sueño de cuando tenía dieciséis años—. No lo haría a la velocidad de la luz, sino a una quinta parte, o 60.000 kilómetros por segundo. Tal sistema podría llegar a Marte en menos de una hora, a Plutón en días, sobrepasaría al Voyager en una semana, y llegaría a Alfa Centauri en poco más de veinte años. Una vez allí, la Nanocraft podría obtener imágenes de cualquier planeta descubierto en el sistema, buscar campos magnéticos y moléculas orgánicas, y enviar los datos a la Tierra en otro rayo láser. Esta pequeña señal sería recibida por el mismo conjunto de antenas que se usó para dirigir el rayo de lanzamiento, y se estima que tardaría aproximadamente cuatro años en volver. Es importante destacar que las trayectorias de las Star Chips pueden incluir un sobrevuelo de Proxima b, el planeta del tamaño de la Tierra que está en la zona habitable de su estrella anfitriona en Alfa Centauri. En 2017, el programa Breakthrough y el Observatorio Europeo Austral unieron fuerzas para promover una búsqueda de planetas habitables en Alfa Centauri.

Hay objetivos secundarios para Breakthrough Starshot, como por ejemplo explorar el sistema solar y detectar los asteroides que cruzarán la órbita de la Tierra alrededor del Sol. Además, el físico alemán Claudius Gros ha propuesto que esta tecnología también se podría utilizar para establecer una biosfera de microbios unicelulares en exoplanetas que de otro modo solo serían habitables transitoriamente.

Hasta ese punto, todo es posible. Sin embargo, hay grandes desafíos. Un láser con un gigavatio de potencia proporcionaría solo unos pocos newtons de empuje. Pero la Nanocraft compensa esta limitación, ya que su masa es de tan solo unos pocos gramos. Los desafíos de ingeniería son inmensos. La Nanocraft debe resistir aceleraciones extremas, frío, vacío y protones, así como colisiones con basura cósmica y con polvo espacial. Además, enfocar en las velas solares un conjunto de láseres que suman cien gigavatios será difícil debido a la turbulencia atmosférica. ¿Cómo combinar cientos de láseres a través del movimiento de la atmósfera, cómo impulsar la Nanocraft sin incinerarla, y cómo enviarla en la dirección correcta? Además, necesitaríamos mantener la Nanocraft funcionando durante veinte años en un vacío gélido para que pueda enviar de vuelta señales a través de cuatro años luz de distancia. Pero esos son problemas de ingeniería y los desafíos de la ingeniería tienden, con el tiempo, a resolverse. A medida que se avanza en una tecnología madura se pueden prever otras misiones excitantes. Incluso con disposiciones de láser menos potentes, los tiempos de viaje a otros planetas, al sistema solar exterior o al espacio interestelar podrían reducirse enormemente.

Desde luego, esto no sería un viaje interestelar humano, aunque se podría ampliar a una nave tripulada. Ya no lo podríamos parar. Pero cuando finalmente podamos alcanzar los confines de la galaxia, será el momento en que la cultura humana devendrá interestelar. Y si Breakthrough Starshot lograra proporcionar imágenes de algún planeta habitable orbitando alrededor de nuestro vecino más cercano, podría ser de inmensa importancia para el futuro de la humanidad.

En conclusión, vuelvo a Einstein. Si encontramos un planeta en el sistema Alfa Centauri, su imagen, tomada por una cámara que viaja a un quinto de la velocidad de la luz, se distorsionará ligeramente debido a los efectos de la relatividad especial. Sería la primera vez que una nave espacial volaría lo suficientemente rápido para ver tales efectos. De hecho, la teoría de

La era de los viajes espaciales civiles está llegando. ¿Qué cree que va significar para nosotros?

Me gustaría viajar al espacio. Yo sería uno de los primeros en comprar un billete. Espero que en los próximos cien años podamos viajar a cualquier lado del sistema solar, salvo quizás los planetas exteriores. Pero viajar a las estrellas requerirá un poco más de tiempo. Calculo que en quinientos años habremos visitado algunas de las estrellas más cercanas. No será como en *Star Trek*. No podremos viajar a la velocidad de las deformaciones del espacio. De manera que un viaje de ida y vuelta duraría como mínimo diez años y probablemente mucho más.

Einstein es central para toda la misión. Sin ella no tendríamos láseres ni la capacidad de realizar los cálculos necesarios para la orientación, la obtención de imágenes y la transmisión de datos a más de cuarenta billones de kilómetros, a una quinta parte de la velocidad de la luz.

Podemos ver un vínculo entre aquel adolescente de dieciséis años que soñó poder cabalgar en un rayo de luz, y nuestro propio sueño, que estamos planeando convertir en realidad, de montar nuestro propia haz de luz hacia a las estrellas. Estamos en el umbral de una nueva era. La colonización humana de otros planetas ya no es ciencia ficción sino que puede llegar a ser un hecho científico. Los humanos hemos existido como especie biológica durante aproximadamente dos millones de años. La civilización comenzó hace unos diez mil años, y la tasa de desarrollo ha ido en constante aumento. Para que la humanidad pueda durar otro millón de años, nuestro futuro se basa en ir audazmente donde nadie ha llegado antes.

Espero lo mejor. Tenemos que hacerlo así. No tenemos otra opción.

Descubre la biblioteca Stephen Hawking:

www.booket.com

www.planetadelibros.com